图书在版编目（CIP）数据

绿色环保住宅 / （英）萨伦娜·泰勒著；（英）莫雷
诺·基亚基耶拉，（英）米歇尔·托德绘；周鑫译 . --
北京：中信出版社，2021.1
（小小建筑师）
书名原文：Green Homes
ISBN 978-7-5217-2378-6

Ⅰ.①绿… Ⅱ.①萨… ②莫… ③米… ④周… Ⅲ.
①生态建筑-少儿读物 Ⅳ.① TU-023

中国版本图书馆 CIP 数据核字 (2020) 第 210526 号

Green Homes
Written by Saranne Taylor Illustrated by Moreno Chiacchiera and Michelle Todd
Copyright © 2014 BrambleKids
Simplified Chinese translation copyright © 2021 by CITIC Press Corporation

绿色环保住宅
（小小建筑师）

著　者：[英]萨伦娜·泰勒
绘　者：[英]莫雷诺·基亚基耶拉　[英]米歇尔·托德
译　者：周鑫
出版发行：中信出版集团股份有限公司
　　　　　（北京市朝阳区惠新东街甲4号富盛大厦2座　邮编　100029）
承　印　者：北京尚唐印刷包装有限公司

开　　本：787mm×1092mm　1/12　　印　张：3　　字　数：40千字
版　　次：2021年1月第1版　　印　次：2021年1月第1次印刷
京权图字：01-2020-6481
书　　号：ISBN 978-7-5217-2378-6
定　　价：20.00元

绿色环保住宅

[英] 萨伦娜·泰勒　著

[英] 莫雷诺·基亚基耶拉
[英] 米歇尔·托德　　　绘

周鑫　译

中信出版集团 | 北京

目　录

成为一名绿色建筑师

你一定知道，当我们提到"绿色建筑"时，并不是说真的将房子的外墙涂成绿色！"绿色"在这里不是指一种颜色，而是一种理念——关于节约资源、保护环境、减少污染等的理念。绿色建筑指的是那些使用了对环境无害的材料的建筑。

如今，越来越多的人想保护环境，保护我们赖以生存的家园——地球。越来越多的人想居住在采用绿色理念设计的、对环境更"友好"的房子里，比如用天然材料建造的房子。人们甚至希望"变废为宝"，把自己制造的垃圾变成建筑材料。

成为建筑师最大的好处就是你可以设计自己想要的房子。那么，让我们一起看看如何运用一些聪明的办法，成为一名"绿色"的小建筑师吧！

兰花屋位于英国，是一位
建筑师设计的生态住宅

夜间的兰花屋

生态住宅

　　绿色建筑也叫生态住宅。生态学是一门研究生物如何在环境中生活，如何彼此影响，如何与环境相互影响的学科。

　　生态住宅可大可小，形态各异，建筑师们可以充分运用想象力，进行天马行空的设计。这些建筑最重要的特点不在于外形，而在于环保。生态住宅使用的是天然材料或对环境无害的材料。

　　例如，兰花屋外部使用了木板和木瓦，和周围的森林相映成趣。它还有一个特殊的供暖系统，依靠地下的天然温泉提供热量。此外，兰花屋坐北朝南，冬天它能吸收太阳光的热量来提高室温。

建造地球之舟

地球之舟是环保人士推出的一种新概念住宅。作为生态住宅，地球之舟通过高效利用自然资源和使用可再生材料来实现绿色环保。

地球之舟的一侧几乎全是窗户，另一侧则紧贴在山壁上。

屋顶装有太阳能板和风力涡轮机，屋外的水箱用来收集雨水。

房屋的外墙很厚，内墙通常是用可再生材料建造的。

建造地球之舟的其他建筑材料都是取自当地的天然材料。

一年四季，地球之舟的内外都生长着植物，给这栋房屋平添了一抹绿意！

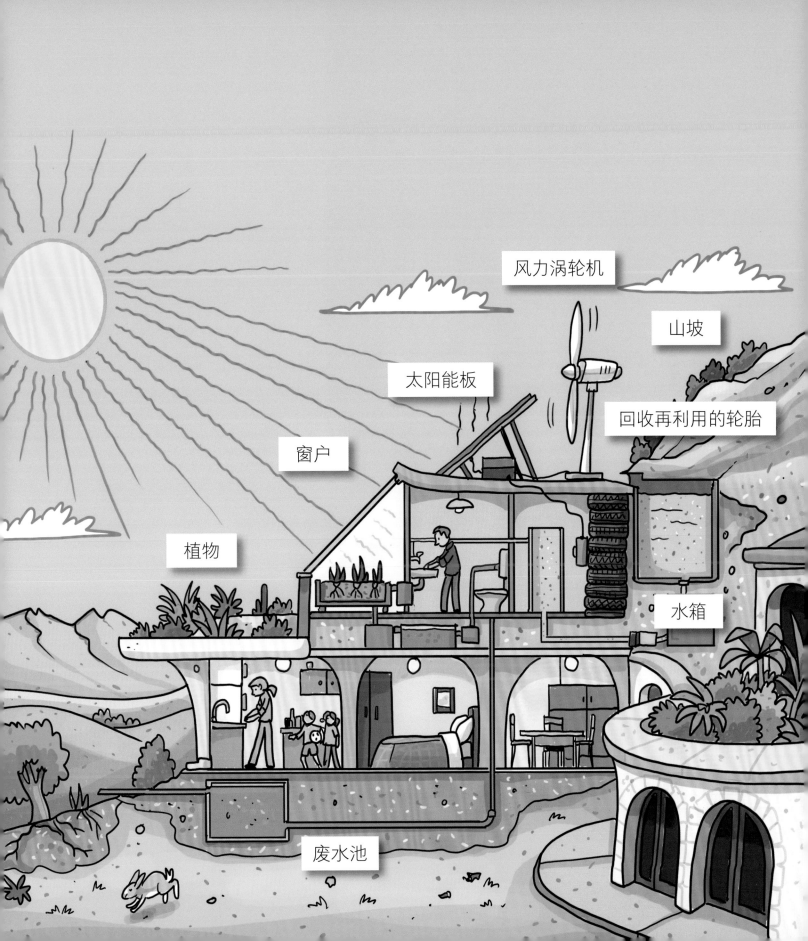

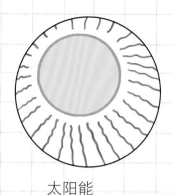

太阳能

山坡

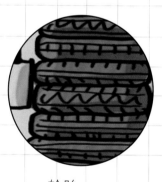

轮胎

设计特点

在北半球，朝南的窗户可以让建筑物尽可能多地获得阳光照射。太阳光可以提供照明并为房屋供暖。这种来自太阳的热辐射能被称为太阳能。

房屋北面的墙体依山而建，这样可以在寒冷天气保持室内温度。

墙壁通常是用旧轮胎等可回收材料修建而成的。厚厚的轮胎墙有助于保持室内温度，冬暖夏凉，避免使用过多能源，造成浪费。

屋顶的太阳能板可以吸收太阳光，并将太阳能转化成电能。这个过程是通过太阳能板里的光伏电池完成的。

风能来自房顶上或房屋周边的小型风力涡轮机。当风吹过涡轮机的叶片时，涡轮机就会转动，产生动能，并通过发电机将其转化为电能。

用水箱收集的雨水经过过滤和净化处理后，可以用来洗衣服和洗澡，甚至可以放心地饮用。

朝南的窗户既能够采光吸热，又可以防止室内热量散失，因此，人们一年四季都可以在室内种植植物。

太阳能板

风力涡轮机

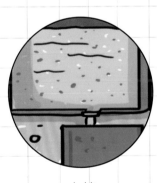

水箱

植物

可回收材料

地球之舟使用了许多我们意想不到的材料，其中有些是我们日常生活中会丢弃的废料。

厚厚的墙壁是用旧轮胎搭建的。像砖块一样堆叠起来的轮胎可以承受很大的重量。除此之外，旧轮胎遇火不易燃，可以降低火灾风险。

建造墙壁时，工人们先在旧轮胎内铺好防水薄膜，再填满泥土，并用力夯实，然后把许多个这样的旧轮胎垒起来，用土填满缝隙。

这种建造方法现在全世界都在使用。

你知道吗？

在美国，每年有超过2.5亿个轮胎被报废。

在日本，每年有40万吨瓶子被回收利用。

2009年，巴西每天回收的铝制饮料罐超过4000万个！

轮胎也可以用来当屋瓦

天然木材甚至整棵树
都可以被回收利用

填满沙土的塑料瓶、玻璃瓶和易拉
罐，可以用来造墙

用塑料瓶、玻璃瓶和易拉罐来装饰外墙

塑料瓶、玻璃瓶和易拉罐常常被回收制
成新的瓶瓶罐罐，其实它们也可以用作筑墙材
料。它们不仅造价低廉，还能在建筑师手中焕
发新的光彩，造出令人眼前一亮的设计。

绿色屋顶

绿色屋顶是一道靓丽的风景，但修建这种屋顶不只是为了好看。屋顶上的绿色植物可以保护建筑物顶部，还能隔热保温，减少空调的使用，节约能源，甚至还能净化空气。

冰岛传统的草皮屋顶

绿色屋顶看上去充满了生命力，有时还能把野生动物吸引过来呢

用花草装饰的建筑外墙

绿色墙壁

城市里的建筑物大多会吸收并储存热量，导致建筑物内部及其周围的温度升高。在人们想要保持凉爽的炎炎夏日，这的确是个问题。

有些建筑师会在建筑物的外墙上种上植物。因为植物能释放水蒸气，冷却周围的空气。绿色墙壁不仅能遮阳，还能降低街上传来的噪声。

太阳能住宅

看看这栋新奇的建筑！它的名字叫"向日葵"。它的楼顶上装着一块大型太阳能电池板。这块太阳能板在寒冷的季节会一直面向太阳，以充分吸收太阳光。在炎热的季节，它们会调整方向，避免过多吸收太阳光。

太阳能住宅之所以能够供暖和发电，是因为屋顶的太阳能电池板能够将太阳能转化成电能。

这栋建筑物楼顶的太阳能电池板可以跟随太阳转动，因此能够产生更多电能。

夏天

你注意到阳台上那些亮闪闪的栏杆了吗？它们是能够储水的太阳能加热栏杆，栏杆中储存的水可以用来洗澡和供暖。

冬天

太阳能住宅的屋顶可以收集雨水。在这栋建筑里，经过处理的废水会被再次使用。

位于德国弗莱堡的"向日葵"太阳能住宅

绘制平面图

这栋太阳能住宅共有三层，还附带一个屋顶露台。

太阳能住宅的每个房间都有特定的用途。

所有的电力设备都由屋顶的太阳能电池板提供能量。

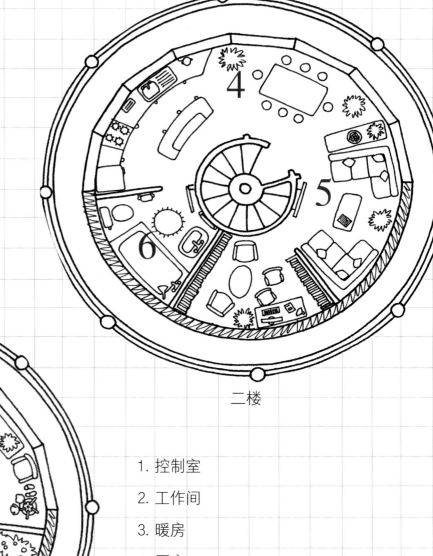

二楼

一楼

1. 控制室
2. 工作间
3. 暖房
4. 厨房
5. 客厅
6. 浴室

14

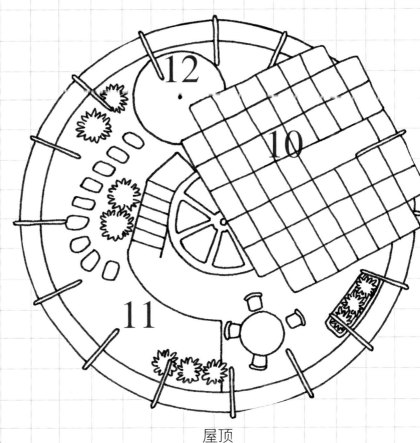

屋顶

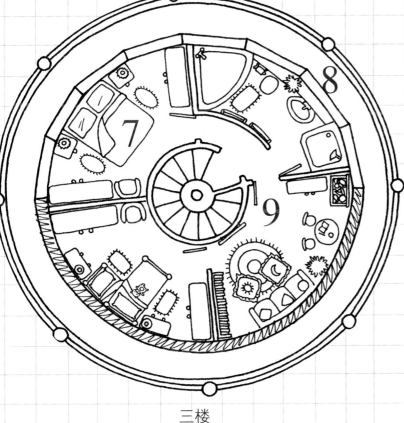

三楼

7. 主卧室

8. 太阳能加热栏杆

9. 游戏室

10. 大型太阳能电池板

11. 露台花园

12. 水箱

鲁滨孙漂流记

　　《鲁滨孙漂流记》是英国作家丹尼尔·笛福写的著名小说，已有300多年的历史了。书中描写了主人公鲁滨孙在航海途中遇到风暴，只身漂流到一座荒岛，被迫在那里顽强生活了28年的故事。

　　鲁滨孙练就了很多生存本领，比如建造一座可以遮风挡雨和睡觉的房子。

　　他通过打鱼和狩猎来获取食物。

　　他种了大麦和稻子等庄稼，还种了胡萝卜、卷心菜和葡萄等蔬菜、水果。

　　他捕捉并饲养了山羊，还用羊奶制作了奶酪。

但是后来，鲁滨孙发现岛上有食人族！他设法救出了一个野人俘虏，因为那一天是星期五，他就给俘虏取名为"星期五"。他们一起对抗食人族。多年以后，他们帮助一艘路过的船平定了水手叛乱，船长带着他们返回了英国。

建造属于你的房子

你可以像鲁滨孙一样用木头、竹子、多叶的树枝和草叶来建造房子。

1. 准备几根不同长短的木杆。

2. 如图，将木杆排成两行，斜插入地面，顶部互相交叉，做成支架。

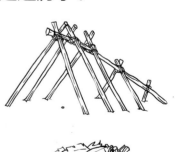

3. 在木杆交叉处再放一根木杆，用绳子将它们固定在一起。

4. 把多叶的树枝和草叶铺在木架上。

回归田园

越来越多的人希望能像鲁滨孙那样过上贴近自然的生活。他们自己种蔬菜，养家畜，吃自己生产出来的食物。

如此一来，人们就不需要开车去购物了。因为汽车引擎燃烧燃料释放的气体对环境有害。这种自给自足的生活方式，就是一种可持续发展生活方式。

可持续利用的资源

支持可持续发展生活方式的人，会希望他们住的房子也是"可持续"的。建造可持续房子的材料很容易在自然中找到，取用之后它们还会再次生长出来。

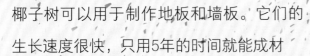

椰子树可以用于制作地板和墙板。它们的生长速度很快，只用5年的时间就能成材

人们在可持续森林中砍伐一棵树后，就会种上新的树苗。来自可持续森林的木材会被特殊认证

竹子生长速度非常快，竹林会快速更新换代

建筑工地上随处可见的泥土可以制成泥砖。这也是一种利用可再生资源的方式

泥制建筑

　　泥巴是一种相对原始的建筑材料，它很环保，因为它能直接从工地附近的土地上获得。泥巴几乎是纯天然的，一般也不需要动用大型运输工具。泥制的建筑遍布世界各地。

肯尼亚马赛部落的一间传统茅舍

美国纳瓦霍人的印第安
原住民房屋

　　泥巴正越来越多地被应用在现代建筑中，不过，建筑师们一般会使用可塑性更强的黏土或更结实的夯土。

　　黏土和夯土是泥巴、沙子、水和秸秆的混合物，它们可以用来建造形状、大小、颜色各异的建筑物，且生产成本低廉。不仅如此，这些泥制建筑还具有良好的隔热性能和防火性能呢！

美国的夯土小屋

美国新墨西哥州的现代黏土屋

隔热性能

具有良好的隔热性能是生态住宅的重要特征之一，这有利于保持建筑物内部温度稳定。

如果建筑物内的温度比较稳定，那么冬季就不需要把暖气温度开得很高，夏季也不需要空调设备。消耗过多的电能或燃料都对环境有害，所以使用隔热材料不仅能保持建筑物内部温度，还能保护自然环境。

环保的隔热材料通常是用木质纤维、羊毛或棉花等天然材料制成的。

用一捆捆秸秆
堆砌成的墙体

再生纸是一种很独特的隔热材料，它可以直接喷在墙上！真是太有趣啦！

把秸秆打成捆，堆起来垒成厚厚的墙，既环保又能起到隔热作用。

房屋内视图

生态住宅的室内设计也要由建筑师来完成，因为一些家具和功能部件可能需要嵌入墙壁和地板中。下面就是一座生态住宅的内视图。

壁橱

暖房

嵌入墙壁的
小型浴室

梯子上面的
隐秘藏身处

飘窗

再利用石头
砌成的壁炉

树木长在房子里，
楼梯建在树干上

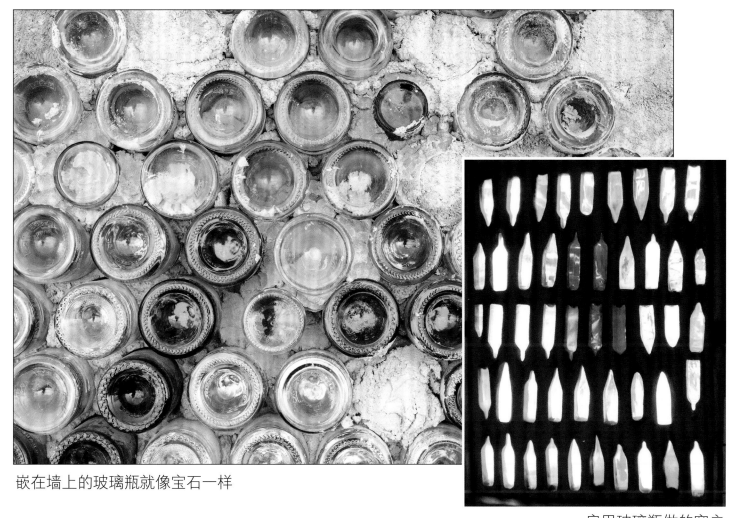

嵌在墙上的玻璃瓶就像宝石一样

一扇用玻璃瓶做的窗户

用瓶子做装饰

建造生态住宅时，我们可以用玻璃瓶拼出漂亮的装饰图案。将玻璃瓶顶端切掉，再把瓶底连接起来，就能像砖块那样用来砌墙。砂浆可以用于固定瓶子，它是砌砖工人常用的黏性材料，由石灰、水泥、沙子和水制成。

生态社区

如今，建筑师们也会将环保建筑理念应用到整个社区甚至整个城市的设计方案中。

中国四川省的省会成都，是一座美丽的公园城市

风力涡轮机

自然水源

有轨电车

成片的绿色植物

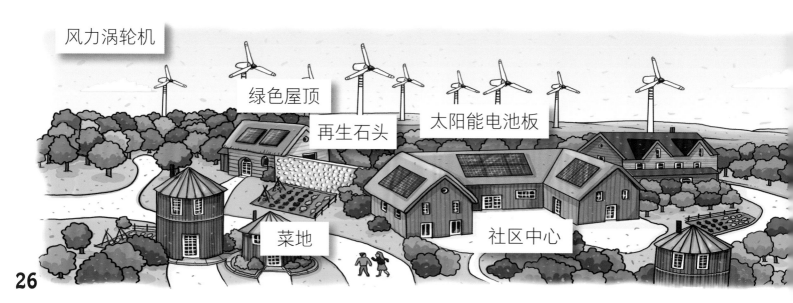

风力涡轮机

绿色屋顶

再生石头

太阳能电池板

菜地

社区中心

理想的生态社区能够节约能源，更少地使用不环保的建筑材料，更多地利用可回收、可再生的材料，并且尽可能地在能源方面自给自足。

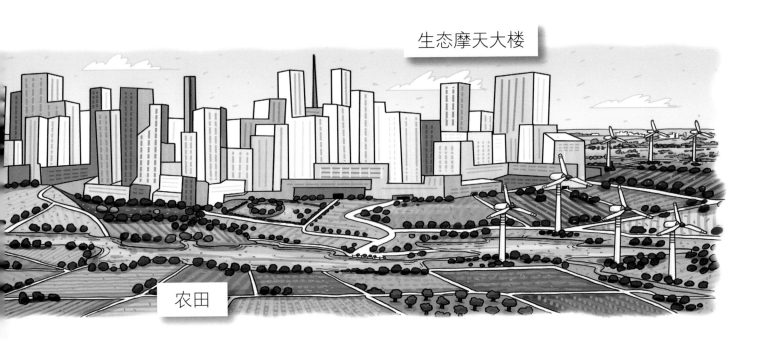

生态摩天大楼

农田

英国芬德霍恩生态村的所有居民都居住在生态住宅里

郊野

《古代建筑奇迹》

高耸的希巴姆泥塔、神秘的马丘比丘、粉红色的"玫瑰之城"佩特拉、被火山灰"保存"下来的庞贝古城……

一起走进古代人用双手建造的奇迹之城，感受古代建筑师高明巧妙的设计智慧！

你将了解： 棋盘式布局　选址要素　古代建筑技术

《冒险者的家》

你有没有想过把房子建到树上去？

或者，体验一下住在大篷车里、帐篷里、船屋里、冰雪小屋里的感觉？

你知道吗？世界上真的有人在过着这样的生活。他们既是勇敢的冒险者，也是聪明的建筑师！

你将了解： 天然建筑材料　蒙古包的结构　吉卜赛人的空间利用法

《童话小屋》

莴苣姑娘被巫婆关在哪里？塔楼上！

三只小猪分别选择了哪种建筑材料来盖房子？稻草、木头和砖头！

用彩色石头和白色油漆，就可以打造一座糖果屋！

建筑师眼中的童话世界，真的和我们眼中的不一样！

你将了解： 建筑结构　楼层平面图　比例尺

《绿色环保住宅》

每年都会有上亿只旧轮胎报废，它们其实是上好的建筑材料！

再生纸可以直接喷在墙上给房子保暖！

建筑师们向太阳借光，设计了向日葵房屋；种植草皮给房顶和墙壁裹上保暖隔热的"帽子"、"围巾"……

你将了解： 再生材料　太阳能建筑　隔热材料

《高高的塔楼》

你喜欢住在高高的房子里吗？

建筑师们是怎么把楼房建到几十层高的？

在这本书里，你将认识各种各样的建筑，还会看到它们深埋地下的地基。你知道吗？建筑师们为了把比萨斜塔稍微扶正一点儿，可是伤透了脑筋！

你将了解： 楼层　地基和桩　铅垂线

《住在工作坊》

在工作的地方，有些人安置了自己小小的家，这样，他们就不用出门去上班了！

在这本书中，建筑师将带你走入风车磨坊、潜艇、灯塔、商铺、钟楼、土楼、牧场和宇宙空间站，看看那里的工作者们如何安家。

你将了解： 风车　灯塔发光设备　建筑平面图

《新奇的未来建筑》

关于未来，建筑师们可是有许多奇妙的点子！

立体方块房屋、多边形房屋、未来城市社区、海洋大厦……这些新奇独特的设计，或许不久就能变成现实了！

那么，未来的你又想住在什么样的房子里呢？

你将了解： 新型技术　空间利用　新型材料

《动物建筑师》

一起来拜访世界知名建筑师织巢鸟先生、河狸一家、白蚁一家和灵巧的蜜蜂、蜘蛛吧！它们将展示自己的独门建筑妙招、天生的建筑本领和巧妙的建筑工具。没想到吧，动物们的家竟然这么高级！

你将了解： 巢穴　水道　蛛网　形状

《长城与城楼》

万里长城是怎样建成的？

城门洞里和城墙顶上藏着什么秘密机关？

为了建造固若金汤的城池，中国古代的建筑师们做了哪些独特的设计？

你将了解： 箭楼　瓮城　敌台　护城河

《宫殿与庙宇》

来和建筑师一起探秘中国古代的园林和宫殿建筑群！

在这里，你将认识中国园林、宫殿和佛寺建筑的典范，了解精巧的木制斗拱结构，还能和建筑师一起来设计宝塔。赶快出发吧！

你将了解： 园林规则　斗拱　塔

出品　中信儿童书店
图书策划　火麒麟

策划编辑　范萍　张旭
执行策划编辑　张平
责任编辑　邹绍荣
营销编辑　曹灵
装帧设计　垠子
内文排版　索彼文化

出版发行　中信出版集团股份有限公司
服务热线：400-600-8099　网上订购：zxcbs.tmall.com
官方微博：weibo.com/citicpub　官方微信：中信出版集团
官方网站：www.press.citic

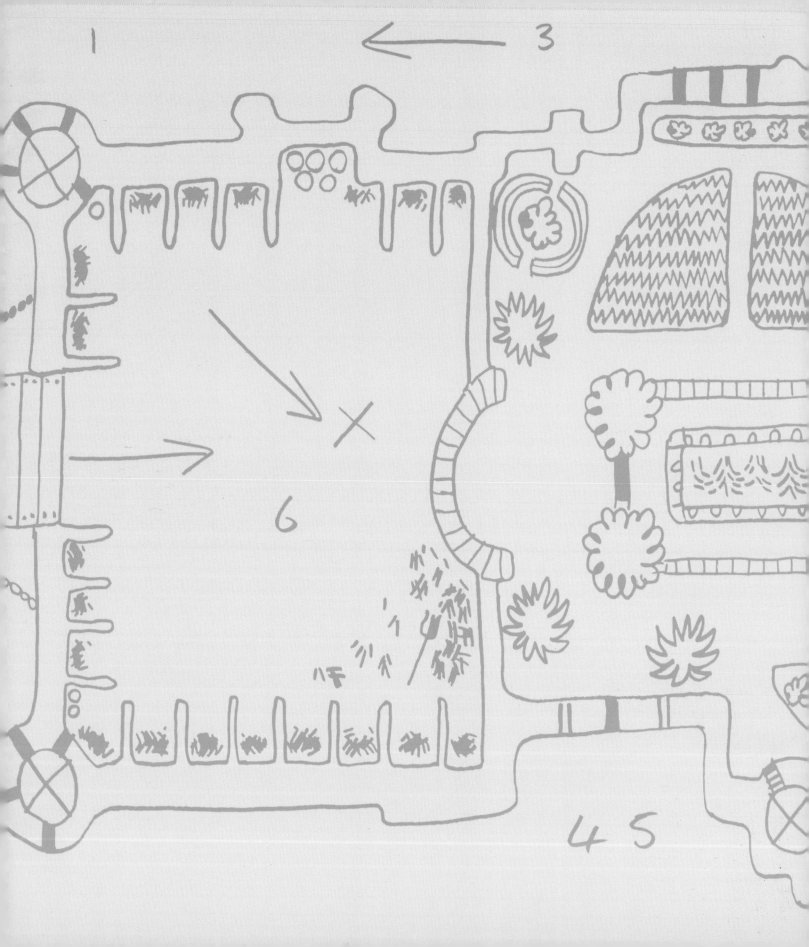